MOEURS REMARQUABLES

DE

CERTAINS ANIMAUX

Propriété des Éditeurs,

MŒURS REMARQUABLES

DE

CERTAINS ANIMAUX

PAR C. G.

TOURS

Ad MAME ET Cie, IMPRIMEURS-LIBRAIRES

—

1852

1851

AVERTISSEMENT

❦

Je me propose, mes chers enfants, de vous entretenir cette fois - ci de quelques espèces d'animaux qui méritent une attention toute particulière, soit

par leurs mœurs et leur intelligence, soit par la singularité de leur conformation.

Je ne vous parlerai cependant ni du chien, ni des fourmis, ni des castors, ni des
abeilles : que pourrais-je vous
en dire que vous n'ayez lu
vingt fois dans les *Buffon* grands
et petits, dans les *Ménageries*,
dans les *Animaux célèbres ?* Je
connais trop votre amour du
nouveau pour ne pas chercher
à vous en offrir.

Les bêtes dont nous allons

causer n'ont pas l'honneur d'a-
voir été aussi souvent décrites
pour vous que celles dont nous
parlions tout à l'heure ; c'est
très-vrai. Mais n'allez pas vous
hâter d'en conclure que, si l'on
ne vous en a rien ou presque
rien dit, c'est qu'elles ne mé-
ritaient pas qu'on vous en en-
tretînt d'une manière spéciale :
attendez, pour vous prononcer
à leur égard, que vous ayez
examiné la dernière gravure de
ce livre et tourné son dernier
feuillet ; car je suis persuadé

qu'alors vous conviendrez avec moi que les nouvelles connaissances que je vous aurai fait faire ne sont pas du tout indignes de vos anciennes.

LE PÉLICAN

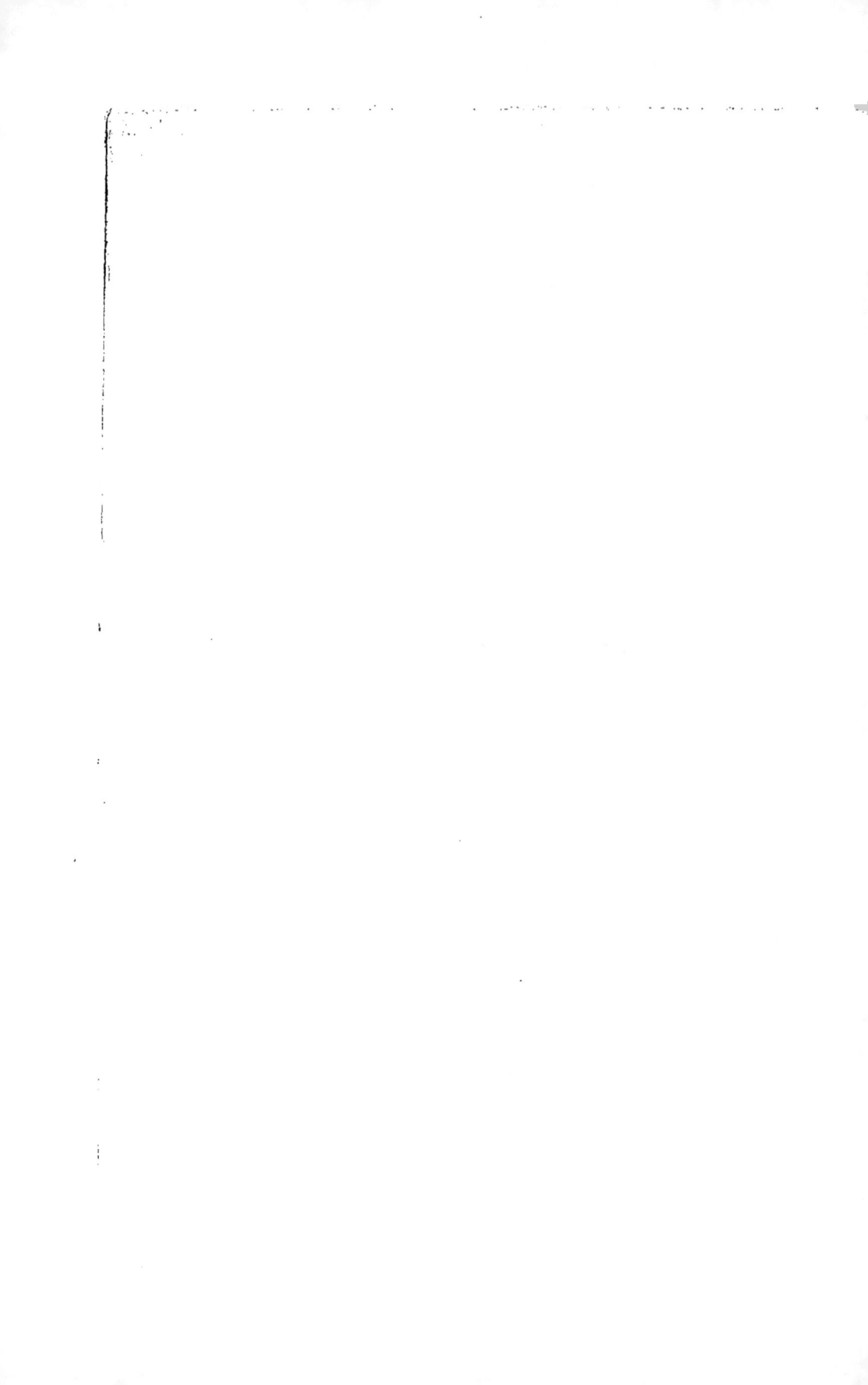

LE PÉLICAN

Chacun a entendu parler de
cet oiseau qui, n'ayant plus
rien à donner à ses petits affamés, se déchire la poitrine d'un
coup de bec, et les nourrit de

son propre sang. C'est probablement là, mes chers enfants,
tout ce que vous savez du pélican.

Eh bien, quoi qu'il m'en
coûte de vous le dire, ce bel
exemple d'amour maternel poussé jusqu'à l'héroïsme, n'a jamais été offert par le pélican;
et bien plus, malgré toutes les
recherches que l'on a faites, personne n'a pu découvrir à quelle
époque cette croyance bizarre
avait pris naissance. Pendant
plusieurs siècles elle fut si
généralement admise, qu'il est
peu de monuments anciens sur

lesquels vous ne trouviez sculpté
un pélican plus ou moins fan-
tastique se donnant lui-même
en pâture à sa couvée. C'est un
spectacle très-touchant; mais
c'est la représentation d'un fait
imaginaire.

Il est assez singulier qu'un
oiseau aussi remarquable sous
le double rapport des habitudes et de la conformation,
doive sa célébrité, non pas à
ce qui le rend digne de l'attention, mais à une fable que l'on
a débitée sur son compte.

Pour en finir sur ce sujet,
je dois vous dire qu'un des

1.

naturalistes qui ont le mieux étudié le pélican croit avoir trouvé l'origine du préjugé en question.

Il serait dans ce cas le résultat d'une observation incomplète.

Quand la femelle du pélican a des petits, elle les nourrit d'abord avec une sorte de bouillie composée de poissons qu'elle a broyés et laissés macérer dans la poche dont son bec est pourvu. En dégorgeant cette bouillie teinte du sang des poissons, la femelle du pélican en laisse souvent tomber sur les plumes de sa poitrine. Il suffit que quelque voyageur superficiel ait vu les petits recueillant des gouttelettes, des bribes de cette bouillie arrêtée sur le corps de la mère, pour s'imaginer qu'ils buvaient son sang, et fabriquer l'histoire merveilleuse qui a fait d'autant mieux son chemin dans le monde, qu'elle est fausse et absurde.

Cet oiseau habite l'ancien et le nouveau monde. Toutefois l'espèce américaine est la plus petite, mais ne diffère sous aucun point important de l'es-

pèce répandue sur un grand
nombre de points de l'ancien
continent.

Le pélican de la grosse espèce surpasse le cygne par le
volume de son corps. Celui de
la petite espèce est de la taille
de l'oie. Son plumage varie du
blanc au gris foncé.

Il se tient habituellement
dans le voisinage des eaux sa-
lées, et s'écarte peu des bords
de la mer. Il se nourrit exclusivement de poissons, et par
exception seulement de ceux
des eaux douces.

Son vol, quoique lourd et

bruyant, est soutenu ; et il n'est pas rare de le voir, pendant une demi-heure, décrire sans se reposer de grands cercles au-dessus des lames du rivage dans lesquelles il cherche sa proie.

Dès qu'il l'aperçoit, il se laisse tomber sur elle comme une pierre. Alors la brusquerie de son temps d'arrêt, même quand il file à plein vol, et la rapidité de sa chute sont telles qu'on dirait un oiseau atteint d'un coup de fusil.

La culbute que le pélican est obligé de faire pour arriver sur

le poisson la tête la première,
achève de rendre l'illusion complète.

Mais ce qui distingue le pélican des autres palmipèdes,
c'est la conformation de son
bec, dont la mandibule inférieure est garnie d'une vaste
poche où l'oiseau peut entasser
et mettre en réserve les poissons qu'il a pêchés. Ce sac,
qui s'étend depuis l'extrémité
du bec jusqu'à l'œsophage,
n'est pas très-apparent lorsqu'il est vide, parce qu'il se
compose d'une membrane épaisse et rétractile ; mais quand il

est plein et par conséquent dis-
tendu, il forme une poche
oblongue dont on peut appré-
cier le volume par la quantité
d'eau qu'elle est capable de
contenir. Or cette quantité dé-
passe cinq litres d'eau, pour
les individus adultes et de forte
taille.

Comme le pêcheur et le chasseur, le pélican ne consomme
pas le produit de sa pêche à
mesure qu'il attrape une pièce.
Il commence par garnir sa gibe-
cière, et ce n'est que lorsqu'il
est las, ou en possession de
provisions suffisantes, qu'il va

chercher un endroit commode
pour dîner à son aise. Arrivé
là, il met son couvert, c'est-à-
dire vide son sac devant lui,
examine ses poissons, les tourne
et retourne avec son bec, et se
décide enfin à prendre gravement son repas.

Tous ces détails sur les habitudes du pélican sont extraits
des relations de voyageurs, qui,
comme le Père Labat et le Père
Raymond, méritent une entière
confiance, surtout lorsqu'ils par-
lent de faits qu'ils ont vus de
leurs propres yeux. Du reste,
leurs observations, déjà an-

ciennes, se trouvent confirmées
pour les pélicans américains
par M. Magendie, et pour les
pélicans de l'ancien continent
par M. Nordman, savant et
consciencieux naturaliste, qui,
sur les bords de la mer Noire,
a étudié d'une manière toute
spéciale les mœurs de ces curieux palmipèdes. C'est M. Nordman qui le premier a signalé
les grandes parties de pêche
auxquelles se livrent en commun les pélicans de ces contrées. Ce sont des associations
volontaires, et pour un but déterminé, que forment de temps

en temps quarante à cinquante individus de tout âge et de tout sexe.

Quand ils se sont réunis et qu'ils ont choisi le théâtre de leur pêche, ordinairement une petite baie dont les eaux sont peu profondes, les pélicans prennent les dispositions suivantes. S'abattant tous à la fois dans la mer à une portée de fusil du rivage, ils se placent en ligne de manière à barrer l'ouverture de la baie. Ils arrivent ainsi du large, nageant et battant bruyamment l'eau de leurs ailes et de leur bec pour effrayer

le poisson et le pousser devant
eux vers la terre. Ils continuent
cette manœuvre, s'avançant toujours en bon ordre et conser-
vant bien leurs distances, de
manière que le poisson ne
puisse passer à travers leurs
rangs. Bientôt les deux pélicans
placés aux deux extrémités du
cordon qui se courbe en fer à
cheval trouvent pied. Alors leurs
compagnons, redoublant leur
tapage, et plongeant fréquemment leur tête dans l'eau pour
empêcher le poisson de passer
sous eux, se rapprochent les
uns des autres et rétrécissent

le demi-cercle jusqu'à ce que le poisson se trouve acculé au fond de la baie.

Là, dans un espace aussi resserré que peu profond, où les poissons éperdus se heurtent et se débattent, les pélicans les puisent à plein bec et remplissent en quelques minutes la vaste poche dont ils sont munis.

M. Nordman affirme avoir été plusieurs fois témoin de ces parties de pêche, dont il a suivi attentivement toutes les phases.

Ce qui rend extraordinaires ces pêches en commun exécu-

tées par les pélicans, c'est que
ces animaux ne vivent pas en
société comme les fourmis et
les abeilles. S'ils vivaient en
société, s'ils formaient une
association permanente, ces
pêches n'auraient rien de plus
merveilleux que les travaux des
abeilles. Mais ce qui leur donne
un caractère particulier, c'est
qu'on ne peut les expliquer
sans admettre forcément que
les pélicans qui vivent habituellement soit isolés, soit par
couples, ont un moyen de se
communiquer entre eux, quand
l'envie leur en prend, le désir,

le besoin, la volonté, de monter
une partie de pêche.

Il y a donc là, d'abord, chez
quelques individus formation
d'un projet *qui ne peut être
réalisé immédiatement* (notez
bien ceci); communication du
projet aux pélicans du voisinage; acceptation par une cin-
quantaine d'individus de la
partie proposée; enfin exécution
du projet.

Et un grand philosophe a
écrit que les bêtes n'étaient
que des machines organisées,
des espèces de mécaniques,
qui, une fois montées par la

main toute-puissante du Créateur, marchaient jusqu'à ce que
l'usage ou un accident les mît
hors de service!

L'ARAIGNÉE MINEUSE

L'ARAIGNÉE MINEUSE

Dans la nombreuse tribu des araignées, presque toutes fabriquent des nids, véritables fourreaux de soie, qu'elles cachent sous les pierres, entre

les rides profondes de l'écorce
des arbres, ou simplement
dans une feuille roulée sur
elle-même. Ce fait, qui ne nous
frappe pas parce que nous le
rencontrons trop fréquemment,
prouve cependant d'une manière éclatante qu'il n'est pas,
parmi toute la création, un si
chétif insecte dont Dieu, dans
sa sagesse infinie, n'ait propor-
tionné les ressources à ses
besoins. Mais si presque toutes
les araignées savent se faire un
nid, il en est une, l'araignée
mineuse, qui, dans la construc-
tion de sa demeure, laisse bien

loin derrière elle les oiseaux, les renards, les lapins et tous les architectes qui bâtissent des nids ou creusent des terriers.

En effet, tous ces architectes velus ou emplumés savent se construire une maison; mais tous sont réduits à dissimuler plus ou moins adroitement l'entrée de cette maison, parce qu'aucun n'a l'instinct d'y ajouter une porte. Il en résulte que leurs maisons sont toujours ouvertes, et par conséquent exposées au froid et à des visites parfois fort désagréables pour le propriétaire.

Seule entre tous les animaux, l'araignée mineuse garnit la galerie souterraine qui lui sert de retraite, d'UNE PORTE. Quand je me sers ici du mot porte, ce n'est pas pour exprimer une espèce de fermeture quelconque. Je dis porte, parce que c'est une vraie porte, munie de ses gonds, se fermant d'elle-même, s'ouvrant à volonté, et tombant dans une feuillure où elle s'emboîte avec une précision qui manque souvent à celles qui closent nos appartements.

Cette porte est fabriquée, ainsi que la feuillure qui la

reçoit, avec de la terre glaise
pétrie et liée au moyen de fils
analogues à ceux des toiles d'a-
raignée. Autant la face inté-
rieure de la porte est unie et
proprement tapissée, autant la
face extérieure conserve l'aspect
du terrain qui l'environne et
avec lequel elle se confond si
bien, qu'il est très-difficile de
l'apercevoir.

J'ai dit que la porte se fer-
mait d'elle-même. La mineuse
obtient ce résultat en plaçant
les fils qui composent les gonds
à la partie supérieure du battant, qui, ainsi suspendu, re-

tombe nécessairement par l'effet de son propre poids.

Tant qu'aucun animal ne vient toucher à sa porte, la mineuse ne s'en occupe pas ; mais si quelque ennemi muni de pinces ou de crochets essaie de l'ouvrir, aussitôt la mineuse, avertie par les fils qu'elle a disposés tout le long de sa galerie, et qui remplacent pour elle la sonnette, accourt, saisit sa porte par le réseau qui là tapisse intérieurement, et cherche à la maintenir fermée.

Comme sa porte s'ouvre en dehors, l'araignée a beaucoup

d'avantage sur l'assaillant, qui
n'a aucune prise.

Mais ce qui, à mes yeux,
est peut-être plus remarquable,
plus merveilleux que la con-
struction de la porte, ce sont
les moyens de défense que dis-
pose la mineuse en prévision
des attaques futures. Ainsi ,
pour pouvoir maintenir plus
facilement sa porte fermée malgré l'effort d'un assaillant, elle
pratique dans les parois de sa
galerie, à la distance voulue
de la porte, une série de petits trous dans lesquels elle en-
fonce les bouts de ses quatre

pattes postérieures, tandis qu'elle
accroche ses quatre pattes an-
térieures au réseau de la porte.
On comprend facilement qu'elle
utilise ainsi toutes ses forces,
et qu'elle offre le maximum de
résistance dont elle est capable.

Il est rare qu'un naturaliste
découvre la galerie d'une mineuse sans lui faire soutenir
un siége. Armé d'une épingle
dont il introduit la pointe entre
la feuillure et la porte, l'homme
soulève celle-ci, tandis que l'a-
nimal, cramponné au dedans,
cherche à la maintenir fermée.

Selon que la force que déploie l'assaillant est inférieure ou supérieure à celle de la mineuse, la porte s'entr'ouvre et se referme alternativement, sans que l'araignée se décourage. Ce n'est que quand sa porte est entièrement ouverte que la pauvre bête se réfugie au fond de son trou. Mais pour qu'elle recommence une nouvelle lutte, il suffit de laisser retomber la porte. Dès qu'elle est fermée, la mineuse vient reprendre sa position, et ne la quitte pas avant que l'entrée de sa demeure soit de nouveau forcée.

L'araignée mineuse ou ma-
çonne, car on lui donne ces
deux noms, est rare dans le
nord de la France. C'est dans
les environs de Montpellier
qu'elle a été le plus fréquemment observée. Elle appartient
aux espèces nocturnes, c'est-
à-dire à celles qui cherchent
principalement leur nourriture
pendant la nuit, et que l'éclat
du grand jour gêne et offusque
au point de paralyser leurs
mouvements.

◄❁►

L'AGAMI

L'AGAMI

Parmi les animaux réunis sous la désignation d'animaux domestiques, il n'est pas sans intérêt de distinguer ceux qui, comme les moutons, les porcs,

les oiseaux de basse-cour, ne
semblent consentir à vivre
auprès de l'homme que parce
qu'ils sont nourris, abrités, pro-
tégés par lui, du petit nombre
de ceux qui recherchent sa
société plutôt par sympathie que
par besoin, plutôt pour lui que
pour eux. Les services que les
premiers rendent à leur propriétaire n'ont rien de spon-
tané, de désintéressé, tandis
que les services que les seconds
rendent à leur maître ont un
mobile tout différent.

Quelle reconnaissance, quelle
obligation la fermière peut-elle

avoir envers la vache qui lui donne du lait, la poule qui lui donne des œufs, l'oie qui lui donne du duvet? Aucune; par la raison toute simple qu'il n'y a ni chez la vache, ni chez la poule, ni chez l'oie, désir ou velléité de lui être utile.

La sociabilité des animaux de cette catégorie tient donc uniquement aux nombreux avantages qu'ils trouvent à vivre sous notre dépendance, tandis que la sociabilité des animaux de la seconde catégorie prend sa source dans l'affection in-stinctive qu'ils éprouvent pour

l'homme, affection qui se mani-
feste par leur sensibilité à l'éloge
et au blâme, et qui les porte à
nous rendre spontanément tous
les services que leurs forces et
le degré de leur intelligence
leur permettent de nous rendre.

Ainsi le chien n'est pas seulement le commensal de son
maître, mais un compagnon,
un ami, qui (chose remarquable) s'attache à son maître,
non pas en raison des bienfaits
qu'il reçoit de ce maître, mais
en raison des services qu'il lui
rend. Or c'est là du dévoue-
ment, dans l'acception vraie de

ce mot dont on a tant abusé.

Ce que je viens de dire du chien prouve que je l'ai en trop haute estime pour vouloir por- ter atteinte à sa réputation si bien établie. Cependant je me sens tenté aujourd'hui de pren- dre à partie ses biographes et ses historiens, non pas parce qu'ils ont trop grossi la liste des qualités et des hauts faits de l'espèce canine, mais parce que, exclusifs comme tous les pané- gyristes, ils ont accordé au chien le monopole d'une foule de vertus auxquelles un pauvre volatile sans réputation faite,

l'agami, peut à bon droit pré-
tendre.

Oui, l'agami, dont vous
n'avez peut-être jamais entendu
parler, vous qui pourriez citer
le nom de vingt chiens célèbres,
est un oiseau que les naturalistes n'ont pas encore défini-
vement classé, il est vrai, mais
qui ne le cède au chien ni pour
les qualités affectives, ni pour
les facultés intellectuelles.

Buffon, frappé des nombreux
avantages qui résulteraient de
l'introduction de l'agami dans
nos basses-cours, témoignait déjà
son étonnement de ce que l'on

n'avait pas encore songé à
multiplier cet oiseau en Europe.
Il y a aujourd'hui plus d'un
siècle que le grand naturaliste
exprimait cet étonnement, et
cependant les seuls agamis que
je connaisse sont ceux du Jardin des Plantes. Soyez donc
protégé par Buffon, et recom-
mandez-vous vous-même par
un incontestable mérite, pour
vous voir ainsi délaissé.

L'agami, qui tient de la
grue par la longueur de ses
pattes et la rapidité de sa
course; du faisan par les re-
flets brillants et métalliques qui

ornent le plumage de sa poitrine; de la poule par la conformation de son bec, l'exiguïté de ses ailes et surtout par ses mœurs, est originaire de l'Amérique méridionale, et abonde dans les forêts de la Guyane.

Il est si naturellement porté à se rapprocher de l'homme, que les individus de son espèce, pris adultes, s'apprivoisent très-promptement, et qu'une fois apprivoisés, ils ne cherchent plus à retourner à la vie sauvage. Ceux même qui habitent les forêts sont peu farouches, et avant de songer à prendre la

fuite ils donnent presque toujours au chasseur le temps de
les ajuster tout à son aise.
Aussi, de l'aveu des colons de
Cayenne, la chasse à l'agami
est-elle sans attrait, parce
qu'elle n'offre d'autre difficulté
que celle de rencontrer le gibier.

C'est dans les Guyanes Française et Hollandaise que l'on
rencontre le plus communément
l'agami à l'état de domesticité
complète. Là, dans la plupart
des habitations, il est chargé
de la garde du logis et des
cours; ses cris annoncent l'approche d'un étranger, et ses

redoutables coups de bec me-
nacent les jambes de ceux qui
voudraient franchir le seuil de
la porte ou la barrière avant
l'arrivée d'une des personnes
de la maison. Il s'acquitte de
cette fonction délicate avec toute
la sagacité du chien; car, de
même que celui-ci, il reconnaît
les amis de la maison, et adoucit
la sévérité de sa consigne, ou
l'exécute dans toute sa rigueur,
selon l'extérieur et la tenue des
survenants.

Aussi attaché qu'intelligent
et docile, l'agami recherche
avec une avidité jalouse les ca-

resses de son maître, et pousse
souvent jusqu'à l'importunité le
désir d'être agréable et de té-
moigner son affection.

Dans quelques habitations
on préfère l'agami au chien
pour la garde des troupeaux,
par la raison qu'il égale le chien
en vigilance et en agilité, et
qu'il ne peut pas, comme celui-ci lorsqu'il est irrité, blesser
les bêtes jeunes et faibles.

Mais la véritable place de
l'agami est dans la basse-cour.
Là il remplit avec un zèle, une
patience et un tact merveilleux,
un emploi que lui seul est ca-

pable de remplir; en sorte qu'il
faut ou confier cet emploi à
l'agami, ou le laisser vacant.

Jusqu'à ces derniers temps
on a pu, sans pousser l'incré-
dulité au delà des justes bornes,
supposer un peu d'exagération
dans les récits des voyageurs
qui avaient consacré quelques
pages de leurs relations à pein-
dre les mœurs de l'agami. En
effet, ce qu'ils disaient à son
sujet était tellement nouveau,
tellement extraordinaire, qu'on
devait accueillir ce qu'ils racon-
taient d'un oiseau peu connu,
avec une défiance d'autant plus

légitime qu'il était difficile de
concilier les qualités attribuées
à l'agami (qualités faciles à
constater, puisque cet oiseau
est commun dans une colonie
française) avec l'absence de
toute tentative sérieuse de la
part des sociétés savantes et du
gouvernement en vue de doter
la France d'un animal aussi
intéressant.

Mais aujourd'hui, pour se
convaincre que les voyageurs
ont purement et simplement
rendu justice à l'agami, il suffit
d'aller passer une demi-heure
dans l'enclos du Jardin des

Plantes réservé aux poules, aux canards, aux pintades, aux grues, aux demoiselles de Numidie et à quelques autres gros volatiles.

Là règne et gouverne un agami femelle qui, de par le droit de l'intelligence unie à la force, s'est constituée la reine de ce petit royaume. Rien n'est curieux comme de s'asseoir sur un banc et d'observer les faits et gestes de la Majesté emplumée, ou d'écouter le gardien de la ménagerie vous racontant comme quoi il se fie entièrement sur l'agami pour maintenir l'ordre dans l'enclos, c'est-à-dire pour élever et surveiller les jeunes, protéger les faibles, contenir les forts, et prévenir ou terminer les querelles, par une intervention redoutée des plus mutins.

Telles sont les fonctions dont s'acquitte l'agami du Muséum, avec un égal succès dans leurs attributions diverses.

Son seul défaut, et ce défaut pourrait à la rigueur passer pour un excès de zèle, c'est de s'emparer de toutes les couvées qui éclosent dans l'étendue de son royaume, et de se charger

exclusivement, au grand cha-
grin des mères dépossédées,
du souci qu'exige l'éducation
de ces nouvelles familles.

C'est là sans doute un criant
abus d'autorité; mais la sollici-
tude toute maternelle que déploie l'agami après une aussi
méchante action, et le bien-être
des petits doivent nous porter
à l'indulgence. Puis, qui sait
si l'agami n'agit pas ainsi par
désespoir de n'avoir point d'é-
poux et partant pas de famille?
Que son veuvage forcé nous
rende indulgents, je le répète,
pour la brutalité du procédé

par lequel elle dépouille les autres mères.

Il faut voir l'agami entourée d'une fourmilière de poulets et et de canetons, tantôt se promenant gravement au soleil, tantôt tenant à distance, au moyen de son long col, ceux de ses sujets, assez grands pour trouver leur vie, qui voudraient venir manger la pâture de choix destinée à l'enfance. Des miettes de pain, des graines, des salades, un peu de viande hachée menu composent cette pâture que l'agami distribue à ses nourrissons, la plaçànt toujours de préférence devant les plus jeunes, les plus souffreteux et les moins voraces.

Mais, en s'occupant des nouvelles générations, l'agami, du haut de ses longues pattes, n'en est pas moins attentive à tout ce qui se passe dans les autres parties de son domaine. Elle connaît les querelleurs, les mauvais sujets, ceux qui ne laissent pas de plus faibles qu'eux manger le ver qu'ils ont déterré. A la première agression de ces tyranneaux, l'agami pousse un cri aigu, et si cette

menace n'est ni écoutée, ni
comprise, en trois enjambées
le maître a atteint le coupable,
et venge d'un coup de bec la
morale outragée.

Il y a cinq ou six ans, le
gardien me montrait un gros
coq blanc qui, un beau matin,
s'était mis en révolte contre
l'autorité légitime. Cette rébel-
lion, que rien ne justifiait, avait
coûté à l'insurgé la moitié de
sa crête, les trois quarts de
sa queue, et tant de plumes
qu'on voyait en maints endroits
sa chair rouge et nue. Le pauvre
coq, triste et penaud, paraissait

inconsolable de sa défaite, et passait sa vie tapi dans les coins les plus obscurs de l'enclos.

Si un chien ou un chat fait mine de vouloir pénétrer sur son territoire, l'agami s'élance vers eux d'un air si féroce qu'ils battent en retraite sur-le-champ.

Quand vient la nuit, l'heure du repos pour les honnêtes animaux comme pour les honnêtes gens, l'agami ne se couche qu'après s'être assuré, par une ronde attentive, que tout son peuple est rentré. Alors elle se place sur le perchoir qu'elle a choisi, et où elle ne souffre pas qu'un autre se repose. De là elle continue à remplir son rôle, s'éveillant au plus léger bruit, et toujours prête, soit à maintenir la paix au dedans, soit à repousser l'ennemi du dehors.

Une des singularités de l'agami, c'est d'avoir deux cris bien distincts : l'un, aigre et discordant, qu'il lance en ou-vrant le bec; l'autre, grave et musical, qui se prolonge en se modulant, et qui paraît s'exha-ler de dessous toutes les plumes du corps plutôt que passer par

la gorge. Cette espèce de rou-
coulement annonce toujours
chez l'agami la joie ou le bien-
être.

J'ai dit en commençant que
les savants n'avaient pas encore
classé l'agami. Je viens de
m'apercevoir que mon assertion
est inexacte. Mais ce qui expli-
que mon erreur, c'est que, sans
parler de La Condamine, qui
appelle l'agami l'oiseau-trom-
pette, de Linné, qui lui donne
le nom de *psophia crepitans*,
du père Dutertre, qui en fait un
faisan, Buffon l'avait placé dans
les gallinacées, d'où Cuvier l'a

tiré pour le faire entrer dans
l'ordre des échassiers, où il est
en ce moment et où il paraît
devoir rester.

Je me réjouis pour la science
de ce qu'elle a enfin trouvé la
véritable place de l'agami dans
le grand catalogue zoologique;
mais je me réjouirais bien da-
vantage si j'apprenais demain
qu'on vient d'envoyer chercher
à Cayenne un troupeau d'agamis pour les propager dans nos
basses-cours.

L'ORNITHORHYNQUE

L'ORNITHORHYNQUE

L'ornithorhynque, auquel plusieurs naturalistes ajoutent toujours l'épithète de *paradoxal*, est un amphibie de la taille d'un lapin. Il habite exclusive-

ment la Nouvelle - Hollande,
vaste continent jeté au milieu
de l'Océan Pacifique et dont
la population végétale et ani-
male, si féconde en espèces
étranges, est presque sans
analogie avec la faune et la
flore du reste du monde.

L'ornithorhynque se rappro-
che, par sa conformation générale, de la taupe. Comme celle-
ci il creuse avec une grande facilité des galeries souterraines.
Mais autant la taupe s'éloigne
du voisinage des eaux, autant
l'ornithorhynque s'écarte peu
des bords des rivières et des

lacs aux eaux tranquilles et profondes.

L'ornithorhynque, dont les mœurs sont essentiellement aquatiques, établit toujours l'orifice de son terrier au-dessous du niveau de l'eau. Ce terrier est une espèce de boyau long de cinq à six mètres terminé par une impasse. L'animal, pour éviter que cette impasse soit inondée, a soin de diriger sa galerie de bas en haut, jusqu'à ce qu'il soit parvenu à une élévation que les plus grandes crues ne puissent atteindre.

On comprend combien une habitation ainsi disposée offre une retraite sûre à l'ornitho-rhynque, puisque ni poisson, ni quadrupède ne sauraient y pénétrer et que rien ne décèle extérieurement à l'homme l'existence de cette retraite. L'eau, en effet, occupe à peu près un quart de la galerie jusqu'au point où cette galerie commence à dépasser le niveau de la rivière.

La grande difficulté de découvrir le terrier de l'ornitho-rhynque et de l'y forcer, n'est pas la seule cause de l'obscu-

rité qui règne encore sur l'histoire de cet animal. Sa défiance
est extrême : robuste et agile ,
plongeant au moindre bruit ,
pour ne reparaître beaucoup
plus loin que pendant une seconde ou deux , juste le temps
de prendre une bouffée d'air ,
l'ornithorhynque fait le désespoir du chasseur , même quand
il ne se réfugie pas , au plus
léger indice du danger , dans
son inaccessible terrier. Il en
résulte que le nombre d'individus dont on est parvenu à
s'emparer sans les blesser griè-
vement ou les tuer tout à fait,

est extrêmement restreint ; et
non-seulement il a été impossible jusqu'ici d'en expédier de
vivants en Europe , mais ceux-
là même qu'on a essayé de con-
server dans leur patrie sont
morts avant d'avoir été suffi-
samment observés par les naturalistes.

Cela est d'autant plus regret-
table que l'organisation inté-
rieure de cet animal paraît
répondre à la bizarrerie de sa
conformation extérieure. Ainsi
la tête de l'ornithorhynque, au
lieu de se terminer par un
museau comme chez tous les

quadrupèdes, est armée d'un bec presque semblable à celui des canards. Une espèce de bourrelet membraneux enveloppe la base de ce bec à son point d'attache avec la tête. Une autre particularité de ce bec, c'est que la mandibule inférieure, plus étroite que la mandibule supérieure, s'engage, en s'appliquant contre celle-ci, dans une rainure dont elle est pourvue. Il s'ensuit que le bec de l'ornithorhynque est parfaitement clos, ce qui était indispensable pour un animal amphibie.

Cette conformation de la tête de l'ornithorhynque lui donne un aspect si étrange, si insolite, qu'en le voyant on croit d'abord que le bec ne fait pas partie de l'animal, et que c'est quelque mauvais plaisant qui a affublé le bout de son museau d'une tête de canard.

BERNARD L'ERMITE

BERNARD L'ERMITE

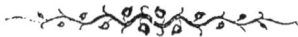

Le petit animal que les naturalistes ont rangé dans l'ordre des crustacés, et qu'ils désignent sous le nom de pagure, est assez commun sur le

littoral de la Manche. Nos pêcheurs lui ont donné une foule
de sobriquets, tous plus étranges les uns que les autres et
tous pris dans les singulières
habitudes du pagure.

C'est dans les environs de
Dieppe, où il est plus rare qu'à
Granville, que je vis pour la
première fois un pagure vivant.

Je m'étais arrêté pour suivre
des yeux quelques enfants qui
s'amusaient à se faire pour-
suivre par les flots de la mer
montante, s'engouffrant bruyamment entre les rocs dont la
plage était hérissée. Comme

elle était en outre basse et plate, la mer l'envahissait très-rapidement.

Les marmots, dont l'aîné avait tout au plus une dizaine d'années, s'excitaient à grands cris à qui attendrait le plus longtemps chaque vague que l'Océan lançait en avant. Un de ces petits téméraires faisait preuve d'une audace qui m'effrayait pour lui. Fièrement campé dans l'intervalle de deux rochers séparés l'un de l'autre de cinq à six pas, il attendait là, pour se jeter derrière un de ces rochers, que des lames qui l'eussent balayé comme une paille ne fussent qu'à quelques mètres de lui.

Tout à coup j'entendis un de ses camarades, qui, moins disposé à narguer le terrible Océan, furetait sous les pierres et dans les fentes des rocs, s'écrier : « Un Bernard ! un Bernard ! » A ces mots tous accoururent vers lui, et je fis comme eux.

L'auteur de la trouvaille tenait avec précaution, du bout des doigts, un assez gros coquillage en forme de cornet. De l'orifice de ce cornet sortaient quatre pattes, deux formidables pinces, et deux palpes assez semblables à celles des écrevisses. Quant au corps auquel ces appendices appartenaient, il était complétement caché dans l'intérieur de la coquille. Je reconnus aussitôt le pagure de nos côtes.

« Chante donc la chanson pour le faire sortir de chez lui, » dit l'un des enfants à celui qui tenait le coquillage. La chanson fut chantée ; mais maître Bernard resta coi, agitant ses palpes, ouvrant et fermant ses serres et paraissant bien décidé à ne pas se laisser arracher de son domicile.

« Attendez, dit l'intrépide affronteur de vagues, je vais bien le faire sortir, moi, puisqu'il ne s'occupe pas de ta chanson. » Et, ramassant un petit éclat de bois, le drôle le présenta au pagure, qui le saisit avec sa pince. L'enfant imprima aussitôt une secousse au petit morceau de bois, et avant que Bernard l'Ermite l'eût lâché, il se vit arraché de son gîte, et jeté à terre, tandis que la coquille restait dans la main de celui qui la tenait.

Le pauvre ermite, dépossédé
de sa cellule, faisait la plus triste
figure ; il rampait sur le sol d'un
air effaré, cherchant à se four-
rer à reculons dans les coquilles
dont la terre était jonchée,
quoique toutes fussent de beaucoup trop petites pour lui.

Je voulus saisir l'occasion
d'examiner l'animal à mon aise,
et pour deux sous j'en devins
propriétaire.

Je posai la coquille de mon
ermite à sa portée, il y rentra.
J'enveloppai l'hôte et la maison
dans mon mouchoir, et je re-
pris le chemin de Dieppe.

D'après ce qui précède,
vous voyez que le pagure n'est
pas fixé, comme l'huître, la
moule, etc., au coquillage qu'il
habite. Le pagure ne vient pas
au monde avec une maison toute
trouvée; il est obligé d'en chercher une à sa taille et à sa con-
venance parmi les coquillages
dont les possesseurs naturels
sont morts depuis longtemps.
Trouver un gîte est la première
chose dont le pagure s'occupe
en naissant; mais cela lui est
d'autant plus facile que c'est
toujours sur la plage couverte
de coquillages que les animaux

de son espèce déposent leurs
œufs.

Dès que le pagure, après
avoir essayé plus d'une coquille,
en cherchant à y entrer à reculons, en trouve une assez grande
pour le contenir, assez légère
pour la transporter avec lui sur
terre et dans l'eau, il ne craint
plus aucun ennemi : car dans
sa jeunesse il s'y cache tout en-
tier, et quand il est devenu fort
il n'expose en dehors que ses
robustes tenailles, bien capables
de tenir en respect tous les poissons qui en veulent à sa peau.
Mais notre ermite grossit, et

bientôt sa maison n'est plus tenable : il faut en choisir une plus spacieuse, et pour se livrer à cette périlleuse recherche, il faut abandonner le coquillage qui l'a protégé jusque - là. Le pagure s'y décide enfin : il se transporte dans un canton où les coquillages abondent, et là déménage résolûment. Malheureusement pour lui, la Providence ne lui a pas donné le coup d'œil juste, et au lieu de n'essayer d'entrer que dans les coquillages à peu près faits pour sa taille, le pauvre diable tente d'entrer à reculons dans toutes les coquilles qu'il rencontre, grandes ou petites. Il en résulte qu'il perd un temps infini, et que bien souvent il est croqué avant d'avoir découvert un gîte convenable.

Mais, me direz-vous, pourquoi le pagure, qui est un crustacé, a-t-il plus besoin de se loger dans un coquillage qui n'a pas été fait pour lui, que le homard, que la langouste, avec qui il a beaucoup de ressemblance ?

Pourquoi ? Je vais vous l'apprendre : parce que Bernard l'ermite est possesseur d'un gros

ventre flasque et mou, qu'aucune cuirasse ne revêt ni ne dé-
fend ; gros ventre dont les poissons sont si friands, que les
pêcheurs l'emploient comme
appât ; gros ventre incapable de
résister non pas seulement aux
aspérités des rochers contre lesquels il est souvent jeté, mais
même aux frottements des
galets, avec lesquels les vagues
le roulent parfois sans façon.
C'est pour protéger ce malheu-
reux ventre que le pagure a
besoin d'un abri.

N'est-ce pas quelque chose
de merveilleux que la variété

infinie des moyens que le Créateur de toutes choses a em-
ployés pour assurer la conservation des espèces sorties de ses
mains ! A l'huître, c'est une
boîte à charnière dans laquelle
elle brave les dents des poissons
et les serres du crabe et du homard. Au pagure l'instinct de
se loger dans une forteresse
d'emprunt, dont il bouche la
porte avec les armes dont il est
pourvu.

Les pêcheurs du Calvados et
de la Manche ne dédaignent pas
la chair du pagure; mais ils se
servent surtout de son ventre

pour appâter leurs hameçons.

La tribu des pagures est assez nombreuse. Outre celle de nos côtes, il y en a différentes espèces répandues dans la plupart des mers. Il y en a même de tout à fait terrestres. Mais le caractère saillant de toute cette famille, c'est de rechercher un abri protecteur, et d'y vivre habituellement. Seulement la nature et la forme de cet abri varient suivant les espèces.

Le pagure de nos côtes, connu sous les noms de Bernard l'Ermite, du Soldat, du Factionnaire, etc., passe sa vie à rôder autour des pierres et des rochers du rivage. Il est très-vorace, et comme les crabes dont il a les mœurs féroces, il recherche avidement les cadavres des animaux terrestres que la mer engloutit dans son vaste sein.

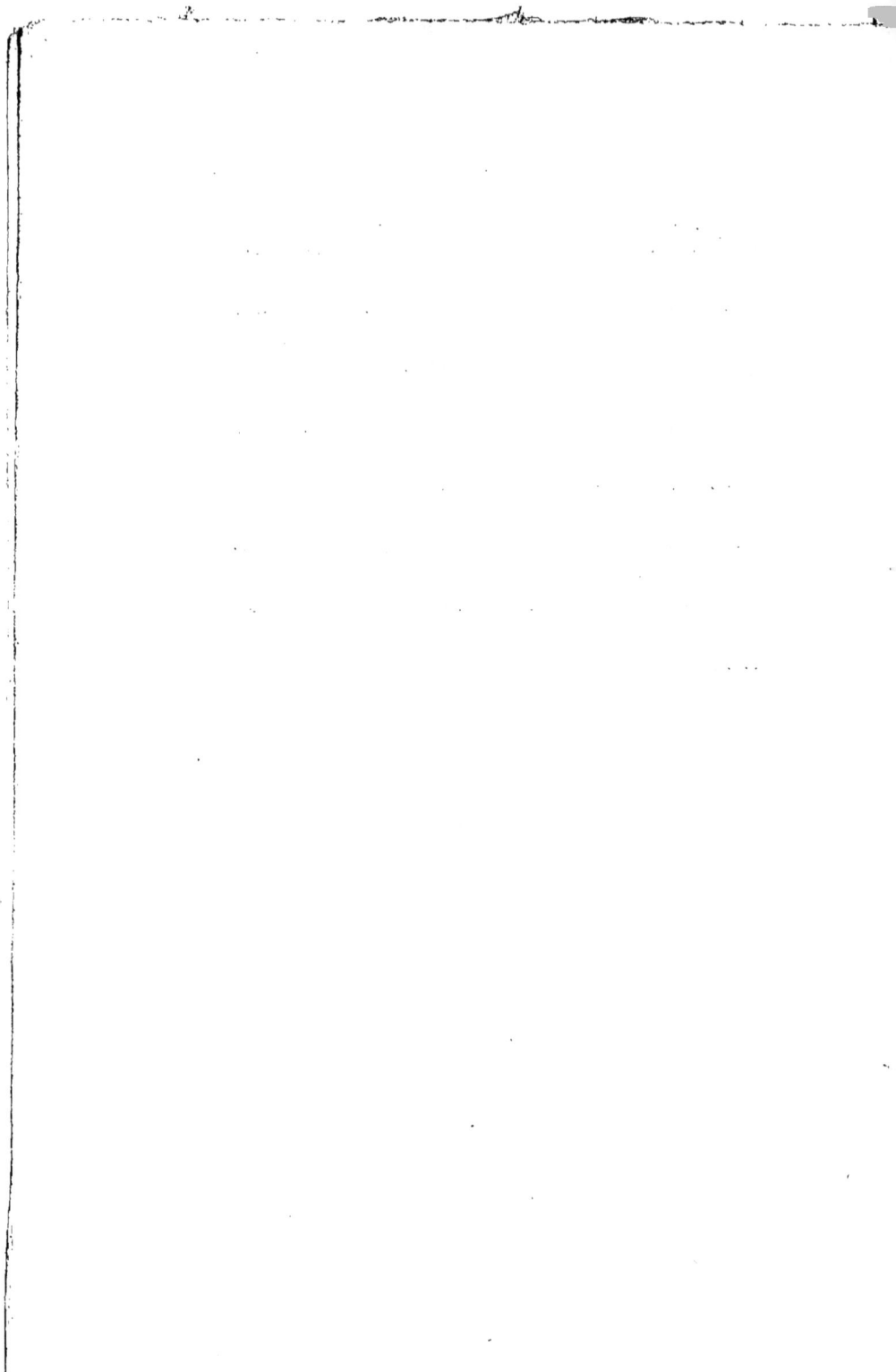

LES CYNOMIS

LES CYNOMIS

Le cynomis, que l'on appelle aussi très-improprement *chien des prairies*, appartient à la famille des marmottes. Sa taille est celle du lapin; mais sa conformation, sa vivacité et la cou-

leur rougeâtre de son pelage le
rapprochent de l'écureuil. C'est
dans l'immense territoire qui,
à partir du Mexique, s'étend
bien au delà du Mississipi du
côté du nord et de l'est, que
l'on rencontre le plus souvent
les villages habités par les cynomis. Ces villages se composent
de plusieurs centaines de demeures souterraines dont l'existence se trahit, à la surface du
sol, par de petits cônes tron-
qués. La base de ces monticules
a cinquante à soixante centimètres de diamètre, et leur
saillie ou élévation est de

trente à quarante centimètres.
C'est tantôt sur l'un des flancs,
tantôt au sommet du cône que
se trouve l'orifice du terrier.
Le couloir qui conduit à la lo-
gette proprement dite descend
d'abord perpendiculairement à
près d'un mètre de profondeur;
là il forme un coude, se prolonge obliquement en pente
douce, et se termine par une
cellule arrondie et proprement
tapissée par un revêtement
d'herbes sèches si fortement
tressées qu'elles forment un
véritable paillasson qu'on pourrait rouler et emporter.

Afin d'éclairer sa maison, le cynomis ménage une petite ouverture pour livrer passage à une canne, qui part du sommet de la voûte de la cellule et traverse la couche de terre qui la sépare de la lumière du jour. C'est donc une espèce d'œil-de-bœuf en miniature, toujours soigneusement entretenu et débarrassé des herbes et des feuilles qui, poussées par le vent ou entraînées par les pluies, pourraient le couvrir ou l'obstruer. On n'a pas encore pu s'expliquer comment le cynomis, avec le seul secours de

son museau et de ses pattes,
pouvait percer un conduit aussi
étroit.

Tous ces monticules, qui in-
diquent l'entrée d'un terrier,
ne sont pas éparpillés sans
ordre dans la plaine; ils sont
au contraire rangés en plusieurs
lignes parallèles, et régulière-
ment espacés en tous sens.
Chaque cellule est habitée par
une famille.

Avec les cynomis vivent très-
souvent des oiseaux nommés
hiboux à clapier, qui entrent
familièrement dans leurs cel-
lules, et s'établissent pour pon-

dre dans les demeures que les cynomis ont abandonnées. La meilleure intelligence semble régner entre ces animaux d'espèces si différentes, et on ne les rencontre qu'accidentellement les uns sans les autres, quand ils habitent les mêmes contrées, car le hibou à clapier est répandu dans des îles et des parties de continent où le cynomis est inconnu.

Ce hibou forme d'ailleurs une espèce à part dans la tribu des hiboux, parmi lesquels les naturalistes ont cru devoir le classer. En effet, au lieu de se retirer dans les vieilles masures, et de ne sortir de son trou que la nuit et de voler pesamment, le gai compagnon du cynomis est un charmant oiseau, aux allures vives et pétulantes, qui aime à prendre ses ébats aux rayons du soleil.

Le cynomis, comme toutes les marmottes, passe l'hiver dans un engourdissement complet. Aux premiers froids, il bouche l'entrée de son terrier, ferme sa fenêtre, s'étend sur le lit moelleux qu'il s'est préparé, et s'endort pour 'ne se réveiller qu'avec les beaux jours. Grâce à cette précieuse faculté, il ne connaît ni la bise glaciale, ni les longues pluies, ni le jeûne forcé, cet ensemble de maux, de privations, de dangers auxquels sont exposés pendant l'hiver les pauvres animaux qui ne peuvent pas remplacer un repas par la plus longue sieste sans se réveiller plus affamés qu'auparavant.

Pour vous donner une idée des habitudes des cynomis, je vais laisser parler un voyageur américain qui a récemment parcouru (en 1844) le nouveau Mexique, et qui du reste n'a rien dit sur les cynomis qui n'eût été raconté avant lui par d'autres voyageurs; mais le passage est assez original pour être cité.

« En arrivant, dit M. Gregg, près d'un de leurs villages, on voit ces chiens errant dans les rues, s'en allant en société d'une demeure à l'autre, quelques-uns broutant l'herbe fraîche, d'autres réunis sur la place publique comme pour tenir conseil, d'autres rêvant comme des philosophes sur le seuil de leur habitation. Mais dès que l'un d'eux aperçoit une cara-

vane, il donne, par des glapisse-
ments aigus, le signal du danger,
et toute la colonie se précipite
aussitôt dans ses réduits sou-
terrains, qui s'étendent si loin
qu'on ne peut y pénétrer. »

Washington Irwing, dans
Un tour dans les prairies, con-
sacre aussi plusieurs pages aux
cynomis. J'y prendrai quelques
traits pour achever ce tableau.

« On les voit toujours oc-
cupés, soit de leurs jeux, soit
de leurs affaires publiques et
privées... Quelquefois ils passent
la moitié de la nuit à gambader,
à se divertir... Quand ils sont

surpris et qu'ils n'ont aucun moyen d'échapper, ils prennent un air d'audace et une expression tout à fait comique de défi et de colère impuissante.

« Tout ce que je savais déjà de ces singulières communautés me fit approcher du village avec un vif intérêt. Malheureusement, dans le courant de la journée, il avait été visité par quelques-uns de mes compagnons, qui avaient tué deux ou trois cynomis. Toute la communauté avait donc été outragée et irritée. Des sentinelles avaient été placées sur la limite du village; à notre approche nous les vîmes décamper pour donner l'alarme, et aussitôt les citoyens qui se tenaient assis à l'entrée de leurs demeures, s'enfuirent, après un court glapissement, dans la terre, agitant leurs pattes de derrière, comme s'ils faisaient le saut périlleux. Je traversai tout le village, qui couvrait un espace de près de douze hectares. Pas un seul habitant ne s'y montrait. Nous enfonçâmes nos fusils dans l'entrée de plusieurs terriers, mais inutilement; aucun cyno- mis ne sortit.

« Nous prîmes le parti de
nous retirer doucement, et,
nous étant couchés à quelque
distance des terriers, nous res-
tâmes assez longtemps immo-
biles et en silence, dans l'espoir
de voir quelques-uns de ces
animaux.

« Par degrés nous aperçûmes
de vieux citoyens passer le bout
du nez hors de leurs trous,
puis disparaître en un clin
d'œil. D'autres plus éloignés
sortaient tout à fait; mais à
peine avaient-ils remarqué notre
présence qu'ils faisaient leur
cabriole ordinaire et plongeaient
dans leur terrier. 5.

« A la fin les habitants du
côté opposé du village, encou-
ragés par la tranquillité continue
qui régnait autour d'eux, non-
seulement sortirent tout à fait,
mais se hasardèrent à courir à
d'autres trous situés à une assez
grande distance, comme s'ils
allaient chez un parent ou un
compère pour se faire mutuellement part de leurs observations sur les derniers événe-
ments. Quelques-uns, encore
plus hardis, se mirent à former
de petits groupes dans les rues
et sur les places publiques,
causant sans doute des outrages

récents faits à la république et du meurtre barbare de leurs concitoyens.

« Nous nous levâmes, et nous voulûmes nous approcher doucement pour les observer de plus près; mais le glapissement ordinaire fut répété sur toute la ligne, et la fuite devint générale. Nous ne vîmes de tous côtés que pattes s'agitant en l'air, et en un instant la population disparut sous terre. »

Je n'ajouterai rien à ces détails fournis par un témoin oculaire. Ils montrent jusqu'à quel point est poussé l'instinct

d'association chez cette intéres-
sante tribu de la famille des
marmottes. Les mœurs douces
et inoffensives de ces petits
animaux, qui vivent en paix
entre eux et ne cherchent que-
relle à aucun voisin, pourraient,
ainsi qu'on l'a déjà remarqué
avant moi, servir de modèle à
plus d'une république humaine.

LES DEMOISELLES

DE NUMIDIE

LES DEMOISELLES

DE NUMIDIE

La *demoiselle de Numidie* est
une espèce de grue, la plus
belle de toute cette famille. Sa
taille est élevée, son corsage
svelte et élégant; une blanche

aigrette, qu'elle secoue avec grâce, surmonte son front et lui sert de parure.

Rien qu'à voir cet oiseau, on devine ses instincts frivoles. Ce n'est là ni la tournure ni la livrée d'une bonne mère de famille et d'une ménagère industrieuse et rangée, mais bien les allures d'une coquette qui préfère le bal aux tracas du ménage. N'est-ce pas quelque chose de singulier que de retrouver chez un oiseau les goûts de ce qu'on est convenu d'appeler une femme du monde?

Les demoiselles de Numidie

sont très-communes dans les vastes plaines de la Russie septentrionale, plaines incultes connues sous le nom de steppes. Elles y paraissent ordinairement dans la première quinzaine du mois de mars, par troupes, par vols, pour employer le mot propre, de deux à trois cents individus.

Au lieu de se disperser, comme la plupart des oiseaux de passage aussitôt qu'ils sont arrivés au terme de leur voyage, les demoiselles de Numidie qui composent une bande continuent à rester réunies jusqu'au

moment de la ponte; elles
passent ainsi une quinzaine de
jours à se divertir. Cela se
comprend encore; car il est
assez naturel que les habitudes
prises pendant le voyage ne se
rompent pas du jour au lende-
main. Mais ce qui est tout à
fait surprenant, c'est que les
demoiselles de Numidie, après
s'être accouplées et séparées
pour vivre en ménage, se réu-
nissent encore assez fréquemment pour se livrer à leurs
amusements favoris, la course
et la danse.

C'est ordinairement par une

belle soirée d'été, ou sur les
bords unis d'un ruisseau, que
les demoiselles de Numidie
prennent leurs ébats. Rangées
en ligne et se faisant face, elles
avancent les unes vers les
autres en sautant et en se dan-
dinant de mille manières. C'est
un véritable bal où chaque
danseuse déploie plus ou moins
ses ailes, balance son cou, joue
avec son aigrette comme une
petite-maîtresse avec son éven-
tail; tous les voyageurs qui ont
été assez heureux pour assister
de loin à ces parades, s'accordent à dire que l'on ne peut

rien imaginer de plus burlesque
que les mines dont les demoiselles de Numidie accompagnent
leurs *avant-dèux* et leurs *chas-*
sez-croisez.

Pendant qu'une partie de
l'assemblée danse et grimace,
l'autre partie se donne l'agré-
ment d'une course en règle.
Les jouteurs partent à toutes
jambes, je devrais dire à toutes
pattes, vers un but déterminé.
Une fois ce but atteint, ils
reviennent gravement sur leurs
pas, vers les spectateurs qui
les attendent, et les saluent par
leur pantomime et leurs cris.

La nuit venant, les jeux
cessent. La soirée se termine
par quelques grands cercles
que l'assistance tout entière
décrit dans les airs en volant;
puis chaque couple reprend le
chemin de son domicile.

Nous avons vu les pélicans
s'associer pour un but d'utilité;
mais autant les associations de
ce genre sont fréquentes chez
les animaux, autant les réunions
dans un but de plaisir ont été
rarement observées; et je ne
crois pas qu'on en puisse trouver un exemple plus singulier
que celui que nous fournissent

les habitudes de la demoiselle
de Numidie.

LA MOUFETTE AMÉRICAINE

LA

MOUFETTE AMÉRICAINE

***

Il n'est pas sans intérêt de
remarquer combien il règne de
variétés dans les moyens de défense que la divine Providence
accorde aux animaux pour se

soustraire ou résister aux attaques de leurs ennemis. C'est
chez les insectes, chez les animaux les plus faibles, que l'on
rencontre le plus fréquemment
des armes défensives de mille
formes différentes, et dont quel-
ques-unes attestent l'inépuisable fécondité de l'esprit créateur.

Sans parler des armures de
toutes pièces, des boucliers,
des cuirasses, des piquants, de
l'instinct fouisseur, de la vi-
tesse, qui constituent les moyens
de conservation le plus ordinairement départis aux ani-

maux, il est d'autres moyens qui n'ont été donnés qu'à un petit nombre d'espèces, et qui par leur singularité méritent une attention toute particulière.

La moufette américaine est un joli petit quadrupède, qui tient à la fois de l'écureuil et de la fouine. Sa queue est longue et fournie; son pelage noir et soyeux est traversé de bandes blanches; son œil est vif, son caractère sociable et inoffensif: elle s'apprivoise aisément et remplirait à merveille dans nos habitations les fonctions dévo-

lues au chat domestique, sans
un inconvénient dont je parlerai
tout à l'heure.

La moufette , quoique les
chiens la chassent avec fureur,
quoique l'homme convoite sa
belle fourrure, quoiqu'elle n'ait
pour armes agressives qu'une
gueule redoutable seulement
pour les petits oiseaux endor-
mis, vit au milieu des forêts
dans une sécurité parfaite,
parce qu'elle peut, à volonté,
empester l'air autour d'elle, de
manière à mettre aussitôt en
fuite bêtes et gens qui veulent
lui chercher noise.

Pour cela, il lui suffit de lancer quelques gouttes d'une liqueur contenue dans deux glandes, deux petites vessies, situées près de la naissance de la queue. Cette liqueur est d'une odeur si fétide, si pénétrante, si tenace, que, malgré le témoignage d'auteurs très-dignes de foi, les effets en semblent fabuleux.

J'en citerai deux exemples.

Le célèbre naturaliste Audubon voyageait dans l'Amérique septentrionale avec un de ses amis. Celui-ci, ayant aperçu une

moufette, la prit pour un écureuil, et s'en saisit sans difficulté.

Audubon l'avertit de sa mé-
prise ; mais il était trop tard
pour l'imprudent : la moufette
s'était vengée en déchargeant
son abominable liquide sur les
mains et les habits de son
agresseur qui, à demi suffoqué,
se hâta de lancer au loin le
puant animal.

Le mal était fait. Toute sa
personne était infectée, et malgré les bains et les fumigations
qu'il employa, il conserva longtemps un parfum qui n'avait

rien d'agréable et que la chaleur rendait plus intense.

Quant à la place où l'accident
avait eu lieu, les chevaux de nos
deux voyageurs refusèrent de la
traverser, et il fallut prendre
un détour pour passer outre.

Pas n'est besoin d'ajouter que
les habits de l'ami d'Audubon
étaient tellement imprégnés de
l'horrible odeur, qu'après avoir
inutilement essayé sur eux tous
les moyens de désinfection ima-
ginables, leur propriétaire dut
se résoudre à les sacrifier.

Audubon, en rapportant ce
fait, remarque qu'il eut lieu

dans l'hiver, époque pendant laquelle la liqueur de la moufette est beaucoup moins active; il laisse à penser ce qui serait arrivé à son compagnon s'il avait eu affaire à la moufette dans le milieu de l'été.

Voici l'autre exemple.

Une fermière des Etats-Unis était occupée à ranger diverses provisions dans un cellier, quand elle découvrit une moufette qui s'y était introduite. Saisissant aussitôt un bâton qui se trouvait à sa portée, elle

assomma l'animal sur place.
Soit que la moufette eût eu le
temps de recourir à son unique
moyen de défense, soit que le
bâton, en lui brisant l'échine,
eût crevé les vésicules contenant
la funeste liqueur, son odeur
caractéristique envahit le cellier
avec tant de rapidité et d'inten-
sité, que la fermière, prise de
vertiges, n'eut que la force de
sortir du cellier, perdit connais-
sance et fut pendant plusieurs
jours gravement indisposée.

Mais là ne se bornèrent pas
les conséquences des abomina-
bles exhalaisons : les provisions

6.

de toute espèce déposées dans
le cellier s'en imprégnèrent ;
aucune n'y échappa, ni celles
que contenaient des futailles, ni
celles qui se trouvaient dans des
terrines et des sacs : il fut impossible de les faire servir
même à la nourriture des animaux, et il fallut se résoudre à
les enfouir dans la terre. Plusieurs années après l'accident,
le cellier conservait encore une
vague odeur de moufette, qui
s'exhalait dans les jours de
chaleur.

Une particularité assez re-

marquable, c'est que la liqueur
des moufettes transportées en
Europe perd peu à peu son
énergie, et finirait probablement par s'affaiblir tout à fait
au bout de trois à quatre générations.

Quelques fermiers américains
ont essayé de priver les jeunes
moufettes des glandes qui sé-
crètent la liqueur fétide. Cette
opération est, à ce qu'il paraît,
assez facile à exécuter et n'offre
aucun danger pour la vie de
l'animal. Dans cet état la moufette remplace avec avantage le
chat domestique, parce que,

tout en faisant une rude guerre
aux souris, elle n'est pas traître
ni sournoise comme le chat, ne
s'écarte pas comme lui de la
maison, et joint enfin à la beauté
du pelage des mœurs douces et
complétement inoffensives.

DE L'INSTINCT ET DE L'INTELLIGENCE

CHEZ

QUELQUES INSECTES

DE L'INSTINCT ET DE L'INTELLIGENCE

CHEZ

QUELQUES INSECTES

Il faut bien se garder de con-
fondre, chez les animaux, comme
on le fait trop souvent, l'instinct
avec l'intelligence. La différence
est très-importante à établir.
L'instinct constitue le lot des

espèces, et l'intelligence appartient à l'individu. Ainsi, tout ce qu'un animal fait par instinct, tous les animaux de son espèce le font comme lui, de la même manière que lui, dans les mêmes circonstances que lui. Quand, par exemple, un lapin creuse son terrier, quand un oiseau fait son nid, quand un chat enterre et cache ses ordures, on ne peut pas dire que ces trois animaux, en agissant ainsi, fassent preuve d'intelligence. Non ; tous les trois obéissent purement et simplement à l'instinct dont la Providence a doué leur espèce. Ils agissent machinalement, puisque ce lapin, cet oiseau, ce chat ne font absolument que ce que font, depuis le commencement du monde, tous les chats, tous les lapins, tous les oiseaux qui ont peuplé la terre.

Les actes d'intelligence que l'on observe chez les animaux, ont un tout autre caractère. On les reconnaît à ce que, « au lieu de se rapporter à la vie ordinaire de l'animal, comme les actes d'instinct, ils se rapportent aux circonstances particulières où l'individu se trouve accidentel-

lement placé, et dans lesquelles
il se comporte comme le pourrait faire une personne raison-
nable. » (STRAUSS.)

Une remarque qui a été faite,
c'est que ce sont ordinairement les animaux qui font par
instinct les choses les plus com-
pliquées et les plus surprenan-
tes, chez lesquels on rencontre
le moins souvent des preuves
d'intelligence : il semblerait que
le Créateur ait toujours eu soin
de développer d'autant plus l'intelligence des individus compo-
sant une espèce, que l'instinct
de cette espèce était borné ; et

par contre de développer d'autant plus l'instinct d'une espèce qu'il avait parcimonieusement dispensé l'intelligence aux individus.

Maintenant que j'ai tâché d'établir et de vous expliquer la différence qui existe, et qu'il ne faut jamais perdre de vue, entre l'instinct et l'intelligence des animaux, je vais vous prouver par des faits que, parmi ces pauvres petits insectes que vous écrasez sans pitié, sous votre pied, il en est plus d'un qui, comme on dit, a plus d'intelligence qu'il n'est gros.

Voici ce que raconte M. Strauss,
savant naturaliste dont la parole
ne peut être révoquée en doute.

Ayant un jour trouvé un nid
de bourdons caché sous terre,
il l'enleva, le plaça dans une
boîte fermée, et revint chez lui
avec la boîte, qu'il déposa sur
le balcon de sa fenêtre. Le len-
demain il ouvrit la boîte, et
donna ainsi la liberté aux bourdons qui avaient été transportés
avec leur nid.

Les bourdons, en se retrou-
vant au grand jour, commen-
cèrent par donner des signes
manifestes d'étonnement. Ils

avaient l'air de chercher à s'expliquer comment ils se trouvaient avec leur nid dans un
lieu si différent de celui où ils
étaient la veille. Ils rentraient,
sortaient, dit M. Strauss, comme
pour s'assurer du changement.
Prenant ensuite leur essor, ils
volaient autour de leur nouvelle
habitation, la tête toujours di-
rigée vers elle pour ne point la
perdre de vue. Ils ne s'éloignè-
rent d'abord que de quelques
pouces ; mais peu à peu, quand
ils eurent bien remarqué tous
les objets environnants, ils com-
mencèrent à s'écarter, à revenir

pour s'écarter encore, jusqu'à ce que, certains de bien retrouver leur nid, ils osèrent s'élancer dans la campagne, d'où ils revinrent tous au bout d'une demi-heure avec leurs provisions habituelles.

Un autre naturaliste digne de foi, M. Clairville, dans une de ses promenades, s'arrêta pour observer un insecte qui était occupé à enterrer le cadavre d'un mulot, dans le corps duquel il avait pondu ses œufs. Cette action n'avait rien d'extraordinaire, puisque tous les insectes de l'espèce de celui qu'observait M. Clairville , les nécrophores , ont l'habitude d'agir ainsi.

Mais voici où commence le curieux de l'histoire. Après avoir bien gratté la terre , le nécrophore dont il est question reconnut qu'il n'y avait pas moyen d'enterrer son mulot à la place où il se trouvait, parce qu'à cet endroit-là le sol était trop battu et trop dur. M. Clairville vit son insecte prendre bravement son parti, et aller à un pas de là, creuser la fosse de son mulot dans un terrain beau-

coup plus mou et par conséquent plus facile à remuer.

Cette opération terminée, le
nécrophore revint chercher son
cadavre pour le porter dans la
fosse préparée. Mais l'insecte
n'avait pas songé, à ce qu'il
paraît, au poids du mulot, poids
tellement au-dessus de ses forces, qu'après s'y être pris de
cent manières pour le pousser
ou le traîner vers la fosse, il
ne put réussir même à l'ébranler.

Le voilà bien attrapé, le petit croque-mort! pensa M. Clairville. Comment va-t-il se tirer
de là ?

Il s'en tira cependant, et voici de quelle façon :

Il n'eut pas plutôt acquis la conviction qu'il perdait son temps, qu'il prit son vol et disparut au loin.

Le savant crut que l'insecte avait renoncé à son projet, et il allait continuer sa promenade, lorsqu'à son profond étonnement il vit le nécrophore reparaître avec trois camarades de son espèce, auxquels il était probablement allé raconter son aventure, et qui avaient consenti à l'accompagner pour lui prêter main-forte.

Ils se mirent en effet tous les quatre à l'ouvrage, et transportèrent le mulot dans la fosse préparée.

Un homme, en pareille circonstance, eût-il agi autrement que ce nécrophore ? Comment put-il faire comprendre son embarras à ses camarades, et, quand ceux-ci furent sur les lieux, leur indiquer son projet ?

Voici un troisième fait plus extraordinaire encore à mon sens, et qui se trouve rapporté dans l'introduction du grand Traité

Entomologique de MM. Kerby et Spence.

Il faut que vous sachiez d'abord qu'il existe une espèce de scarabée qui a l'habitude de pétrir et d'arrondir des boulettes de fumier dans lesquelles il loge ses œufs.

Quand il a confectionné une boulette, il l'enterre absolument comme le nécrophore enterre ses cadavres.

Un jour, un des naturalistes que je viens de citer aperçut un scarabée, et prit plaisir à observer ses manœuvres.

Ce scarabée, pour raffermir

une boulette qu'il venait d'achever, la faisait rouler en tous sens. Voilà que la boulette, rencontrant une pente, se met à la descendre et finit par tomber dans un trou. Ce trou, pour un scarabée, était un véritable abîme.

Cependant l'insecte y descendit, et essaya d'en retirer sa boulette.

Ne pouvant y réussir, parce que les parois de la cavité étaient presque perpendiculaires, il fit comme le nécrophore.

Se dirigeant droit vers un

fumier voisin où il était certain de trouver des cama-
rades, il en mit quatre en
réquisition, et les amena au
trou.

Alors les nouveaux venus,
réunissant leurs efforts aux
siens, remontèrent la boulette,
et, ce service rendu à leur ca-
marade, ils se hâtèrent de retourner à leur ouvrage, c'est-à-
dire à la confection de leurs
boulettes.

Que conclure de ces trois
faits, attestés par des hommes
si haut placés dans le monde

scientifique ? D'abord que la
bonté divine éclate jusque dans
les plus humbles créatures, et
que toutes ces créatures reflè-
tent, quoique inégalement, quelques rayons de cet immense
foyer d'intelligence qui est
Dieu.

Ensuite que l'étude des œu-
vres de Dieu est une magnifique
prière, puisqu'on n'y peut faire
une découverte, une observation
nouvelle, sans trouver une
preuve de plus de la bonté et
de la sagesse du Créateur, et
sans qu'on se sente le cœur
ému, l'âme transportée en pré-

sence d'une bonté inépuisable s'alliant toujours à une puissance infinie.

LE LEMMING

LE LEMMING

Le lemming est un joli petit quadrupède de la famille des rats, quoique son pelage jaune, tacheté de noir, sa queue épaisse et bien fournie de poils, lui donnent une physionomie toute

différente de celle de ces hôtes
incommodes qui s'installent
malgré nous dans nos maisons
et y vivent à nos dépens.

C'est la chaîne de montagnes
qui s'étend entre la Suède et
la Norwége, que l'on doit con-
sidérer comme la véritable patrie du lemming, quoiqu'on
rencontre accidentellement des
bandes de ces animaux jusque
sur le rivage de la mer du Nord
et du golfe de Bothnie. Quand
ils s'écartent aussi loin de leur
pays, ce n'est ni par goût, ni
par esprit de changement, mais
parce qu'ils se sont tellement

multipliés dans leur patrie
qu'elle devient incapable de les
nourrir, et qu'il leur faut nécessairement, ou mourir de faim,
ou se résoudre à chercher pâture ailleurs.

De là ces migrations des
lemmings, migrations qui n'ont
rien de régulier dans les épo-
ques, rien de périodique, et
qui dépendent uniquement du
chiffre total de la population,
comparé à la masse des sub-
sistances. Du reste, et c'est là
ce qui mérite surtout d'être
remarqué, ces migrations ne
sont que des excursions en pays

ennemi, entreprises sans aucun
but de fonder ailleurs des colo-
nies, puisque tous les individus qui échappent aux innom-
brables dangers du voyage
reviennent en troupe à leurs
montagnes.

C'est à l'intermittence de ces
migrations qu'il faut attribuer
les contradictions que l'on remarque dans les récits des
voyageurs et les fables qu'on a
longtemps débitées sur les lemmings. Ainsi tel voyageur qui
a pu faire quatre voyages en
Laponie, et parcourir en tous
sens le plateau lapon sans

apercevoir l'ombre d'un lemming, a dû nécessairement se
gendarmer fort contre ses pré-
décesseurs qui signalaient des
bandes de lemmings là où il
n'en rencontrait pas trace. D'un
autre côté, les habitants qui,
après avoir passé plusieurs années sans être visités par les
lemmings, en voyaient tout à
coup, un beau matin, leurs
champs inondés, s'imaginèrent
que les lemmings tombaient du
ciel, et cette croyance, presque
générale encore vers le seizième
siècle, avait donné une certaine
célébrité au lemming.

Toutes les personnes qui ont eu l'occasion d'être témoins d'un *passage* de lemmings s'accordent à dire que c'est bien le spectacle le plus étrange, le plus curieux.

Figurez-vous un immense tapis de lemmings qui ondule avec le terrain qu'il recouvre à perte de vue et glisse rapidement sur le sol. Il s'avance carrément, en ligne droite. Rien ne peut ni le détourner, ni l'arrêter. Maisons, fleuves, étangs, lacs, bateaux qui s'y trouvent, disparaissent sous ce tapis vivant qui les couvre pendant son passage. C'est la marche d'une avalanche, moins le dégât, car celui qu'occasionnent les lemmings se borne à la fauchaison des champs qui se rencontrent sur leur route, champs où, à la vérité, il ne reste pas un brin d'herbe.

Ainsi s'avance cette légion escortée par des ours, des loups, des renards, des martres, des zibelines, qui en font un affreux carnage, et décimée en outre par une foule d'accidents, parmi lesquels la noyade joue le principal rôle.

Après une pérégrination qui

dure plus ou moins longtemps
selon les chances du voyage,
les lemmings reprennent le
chemin du pays. Mais alors leur
passage est à peine remarqué ;
car ce n'est plus une armée
formidable par son effectif, mais
une petite bande de braves dont
le nombre diminue chaque jour
et dont bien peu reverront leurs
montagnes.

Toutefois, grâce à la fécondité de l'espèce, il ne faut que
quelques années pour repeupler
le pays et pour rendre une
nouvelle émigration indispensable.

A part les émigrations, qui
méritent d'être signalées, le
lemming possède au plus haut
degré une qualité qui manque
ordinairement aux animaux
dont les végétaux constituent
exclusivement la nourriture ; je
veux parler du courage. Or il
n'est peut-être pas un seul quadrupède qui se montre, en toute
occasion, aussi brave, aussi
vaillant que le lemming. Quelle
que soit la haute taille, la vi-
gueur de l'ennemi qui l'attaque,
il l'attend de pied ferme, combat et meurt, mais ne recule
pas.

C'est, il en faut convenir, du courage poussé jusqu'à la plus plus folle témérité, quand un pauvre petit lemming essaie de résister à un ours, à un renard, à un homme ; mais cette folie est l'exagération d'une qualité qu'on admire malgré soi, jusque dans ses derniers excès.

LES MORSES

LES MORSES

Les morses appartiennent à la grande famille des phoques, qui se distinguent entre tous les animaux par la douceur de leur caractère et une grande timidité. Ils s'apprivoisent avec facilité, reconnaissent leur maître et s'attachent à lui au point qu'il semble hors de doute que si les habitudes aquatiques de ces animaux n'apportaient un grand obstacle à la domestication, telle qu'elle est encore pratiquée parmi nous, les phoques s'y prêteraient sans difficulté.

Le morse, dont je veux vous entretenir aujourd'hui, habite les mers du nord de l'Europe, de l'Asie et de l'Amérique ; et on le rencontre jusque sur les glaces éternelles du pôle. L'espèce, fort nombreuse autrefois, diminue rapidement de jour en jour, depuis que les pêcheurs européens fréquentent ces parages, où ils font grande boucherie de ces animaux, qu'ils tuent sans aucun danger.

Le morse, en effet, se traîne si péniblement et si lentement quand il est hors de l'eau, que, malgré sa force et ses longues défense, on l'assomme à coups de bâton, comme on assommerait un bœuf qui aurait les jambes rompues. Pour s'en rendre maître il suffit de le sur-

prendre à quelques mètres de
la mer.

Mais autant son allure à terre
ressemble aux soubresauts
d'un poisson jeté sur l'herbe,
moins la hauteur et la vivacité
des bonds, autant il nage, plonge,
se tourne et se retourne avec
rapidité quand il est dans
l'eau.

La position et la direction des
longues dents du morse prou-
vent surabondamment qu'elles
ne lui ont été données ni pour
l'attaque ni pour la défense,
mais pour labourer le fond de
la mer et en détacher les mol-

lusques et les herbes dont il fait sa principale nourriture.

Ces dents, qui, plantées dans la mâchoire supérieure, dépassent la mâchoire inférieure et saillissent en dessous de celle-ci de quinze à vingt centimètres, servent encore au morse lorsqu'il cherche à s'accrocher aux glaçons fixes ou flottants sur lesquels il veut grimper pour se reposer ou dormir.

Ce sont ces dents qui, connues dans le commerce sous le nom de dents de vache marine, fournissent une espèce d'ivoire plus recherchée et par consé-

quent plus chère que l'ivoire
ordinaire provenant des défenses de l'éléphant, parce qu'elle
est moins sujette à jaunir et à
s'altérer. Les dentistes l'emploient de préférence pour imi-
ter les dents naturelles.

La chair du morse, traitée
comme celle des baleines, donne
une huile possédant à peu près
les mêmes qualités et ayant le
même emploi. Un morse fournit
en moyenne une demi-tonne
d'huile, et ses dents représen-
tent à peu près une valeur
égale.

Les morses vivent habituel-

lement en troupes. Ces troupes,
anciennement fort nombreuses,
se composent rarement aujour-
d'hui de plus d'une vingtaine
d'individus, du moins dans les
parages fréquentés par les pêcheurs, qui se plaignent que la
chasse au morse devient de plus
en plus ingrate. Il paraît certain,
en effet, que les morses, devenus
très-défiants, ne se laissent plus
approcher et se tiennent tout à
fait au bord des rochers et des
glaçons, où ils se posent de
manière à pouvoir se jeter à
l'eau à la première alerte. Les
temps sont passés où ces ani-

maux, amoncelés par centaines
sur une grève, écarquillant
leurs grands yeux ronds, regar-
daient avec un étonnement
mêlé de curiosité s'approcher
une chaloupe et ne songeaient
à fuir que lorsque toute fuite
était impossible. Aujourd'hui on
dirait qu'ils n'osent plus dormir
que d'un œil ; leur caractère
même s'est aigri, et l'on a déjà
plusieurs exemples de canots
attaqués avec fureur par un
troupeau de morses.

C'est surtout quand les mères
nourrissent leurs petits qu'elles
déploient un courage et une

résolution dont on ne croyait pas ces animaux capables.

Parmi les nombreuses relations où il est question des morses, je choisirai le récit suivant où le capitaine anglais Buchanan raconte comment une de ses embarcations faillit un jour d'être coulée à fond par une bande de morses.

« C'est, dit-il, sur la côte occidentale du Spitzberg (la moins fréquentée par les navires) que les morses se trouvent en plus grande quantité. Par un beau temps nous en

vîmes souvent réunis par centaines sur un banc de glace.
Avant de s'endormir ils prennent toujours la précaution de
se faire garder par une sentinelle. J'ai, en toute occasion,
quel que fût le nombre de la
bande, remarqué cette circonstance et aperçu le gardien qui,
la tête dressée, tournait ses
regards à droite et à gauche
pour observer ce qui se passait.
A la moindre apparence de danger, la sentinelle se jette à
l'eau : or, comme tous ces animaux se touchent, le mouve-
ment de l'un se communique à

l'autre, et en un clin d'œil toute
la masse s'ébranle et rampe
péniblement vers la mer. Rien
n'est grotesque comme cette
débandade quand le troupeau
est nombreux ; car les morses
se gênent mutuellement, et
comme empêtrés l'un dans l'autre, tombent dans l'eau sur le
dos, sur le ventre, la tête la
première, et quelquefois en
faisant les plus drôles de cul-
butes qui se puissent imaginer.

« Un soir, deux troupeaux de
morses attirèrent notre attention. Aussitôt nous équipâmes
un canot, et nous nous mîmes

8.

à leur poursuite. Le premier
de ces troupeaux s'enfuit avant
que nous eussions pu l'atteindre. Quant au second, il ne
recula pas et nous offrit, pour
ainsi dire, le combat. Aux premiers coups de fusil, les morses
s'élancèrent vers nous en ron-
flant, saisirent les bords de
notre bateau avec leurs défenses
et le frappèrent avec leurs têtes.
Dans cette attaque imprévue,
ils étaient dirigés par un morse
plus grand et plus furieux que
tous les autres. Ce fut sur celui-
ci que nos matelots dirigèrent
principalement leurs coups ;

mais il bravait et nos lances,
malheureusement trop peu acé-
rées pour percer son épaisse
cuirasse, et les atteintes de nos
massues. Ce troupeau était si
nombreux, et ses attaques si
vives et si multipliées, que nous
n'avions pas le temps de charger nos grosses carabines que
nous pouvions seules employer
utilement. Par bonheur le com-
mis aux vivres se trouva prêt
au moment où le gros morse
montrait sa poitrine. Il l'ajusta
à cet endroit, et lui envoya ses
balles dans le corps. L'animal
tomba sur le dos au milieu de

la bande qu'il dirigeait, et
ceux-ci abandonnèrent aussitôt
le combat, entourèrent leur chef,
le soutinrent au-dessus de l'eau
avec leurs défenses, probablement pour l'empêcher de suffo-
quer, et l'emmenèrent.

« Une autre fois, ajoute ailleurs le même navigateur, une
de mes embarcations poursuivit
un mâle et une femelle qui
nourrissait son petit. La femelle
fut la première blessée : aussitôt
le mâle plongea, et vint violem-
ment heurter le dessous de
notre canot. La femelle, malgré

sa blessure et trois lances plantées dans son corps, prit son
petit sous sa nageoire gauche
et nagea vers un plateau de
glaces sur lequel elle le déposa.
Mais à peine eut-elle lâché son
petit, que celui-ci, voulant ven-
ger sa mère, revint vers le
canot et l'attaqua avec une fureur telle qu'il l'aurait fait cha-
virer s'il eût été grand. Une
blessure à la tête le força de
rejoindre sa mère, que le mâle
prit avec ses dents, et entraîna
hors de notre portée. Nous
avons été souvent témoin, dit
encore le capitaine Buchanan,

de cette affection réciproque. Ordinairement, après une décharge de nos fusils, tous les morses s'occupent de leurs compagnons blessés, les soutiennent avec leurs dents, et les aident à s'éloigner. »

Cette affection réciproque, pour me servir des expressions du capitaine anglais, doit être bien vive, puisque, malgré leur timidité naturelle, les morses bravent le danger afin de se protéger mutuellement, et livrent des combats pour lesquels ils ne sont pas faits, puisque la

Providence ne leur a donné aucune des armes qu'elle accorde à toutes les espèces belliqueuses.

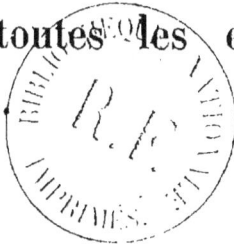

TABLE

Avertissement.   1

Le Pélican.   5

L'Araignée mineuse. 25

L'Agami. 37

L'Ornithorhynque. 63

Bernard l'ermite. 73

Les Cynomis. 91

Les Demoiselles de Numidie. 109

La Moufette américaine. 119

De l'Instinct et de l'Intelligence chez quelques

    Insectes. 133

Le Lemming. 153

Les Morses. 165

Tours, imp. MAME